2021
江苏省海洋经济发展报告

江苏省自然资源厅　编著

海洋出版社

2022年·北京

图书在版编目（CIP）数据

2021江苏省海洋经济发展报告 / 江苏省自然资源厅
编著. —北京：海洋出版社, 2022.6
ISBN 978-7-5210-0956-9

Ⅰ. ①2… Ⅱ. ①江… Ⅲ. ①海洋经济－区域经济发
展－研究报告－江苏－2021 Ⅳ. ①P74

中国版本图书馆CIP数据核字(2022)第094565号

2021江苏省海洋经济发展报告
2021 JIANGSUSHENG HAIYANG JINGJI FAZHAN BAOGAO

责任编辑：林峰竹
责任印制：安　淼

海洋出版社 出版发行
http://www.oceanpress.com.cn
北京市海淀区大慧寺路 8 号　　邮编：100081
鸿博昊天科技有限公司印刷　　新华书店北京发行所经销
2022年5月第1版　2022年5月第1次印刷
开本：787 mm × 1092 mm　1 / 16　印张：4.5
字数：45千字　定价：45.00元

发行部：010-62100090　邮购部：010-62100072　总编室：010-62100034
海洋版图书印、装错误可随时退换

前　言

　　海洋是高质量发展战略要地。发展海洋经济，建设海洋强国，是党中央、国务院作出的重要战略部署，是中国特色社会主义事业的重要组成部分。2020年，《中共中央关于制定国民经济和社会发展第十四个五年规划和二〇三五年远景目标的建议》提出，要"坚持陆海统筹，发展海洋经济，建设海洋强国""加快壮大海洋装备产业""提高海洋资源开发保护水平"；《中华人民共和国国民经济和社会发展第十四个五年规划和2035年远景目标纲要》设立"积极拓展海洋经济发展空间"专章，全方位部署海洋经济发展，提出要坚持陆海统筹、人海和谐、合作共赢，协同推进海洋生态保护、海洋经济发展和海洋权益维护，加快建设海洋强国。江苏省委、省政府认真贯彻党中央、国务院决策部署，明确提出"坚持陆海统筹，培育壮大海洋新兴产业，提升海洋经济可持续发展能力""大力发展江苏特色的海洋经济"。

　　2020年，新冠肺炎疫情给全球经济和社会发展带来严峻挑战。以习近平同志为核心的党中央统揽全局、果断决策，抗疫斗争取得重大胜利，中国经济率先恢复。江苏省坚持以习近平新时代中国特色社会主义思想为指导，认真贯彻习近平总书记对江苏工作的重要指示批示，按照党中央、国务院和江苏省委、省政府决策部署，统筹疫情防控和经济社会发展，立足江苏海洋资源禀赋实际，坚持陆海统筹、江海联动、河海联通、湖海呼应，"把目光从陆地投向海洋，挺进深海、经略海洋，向辽阔的海洋要效益和生产力"，加快构建现代海洋产业体系，推动海洋经济高质量发展，全省海洋经济呈现总量提升、质量攀高、结构趋优的发展态势。

为全面总结2020年江苏省海洋经济发展情况，江苏省自然资源厅组织编制了《2021江苏省海洋经济发展报告》（以下简称《报告》）。《报告》总结回顾了江苏省海洋经济发展和管理工作，对沿海三市以及沿江七市的海洋经济运行情况进行了分析。希望《报告》能够为各级政府部门、科研院所、相关涉海企业以及关心江苏海洋经济发展的广大读者提供参考借鉴。

本《报告》由江苏省海洋经济监测评估中心钱林峰、顾云娟、别蒙、方颖等同志具体撰写与组稿，由江苏省自然资源厅海洋规划与经济处王均柏、钱春泰、胡德义统稿。《报告》的编写得到了省级机关相关部门及沿海沿江设区市、县（市、区）自然资源部门的大力支持，在此表示衷心感谢。

由于编者学识和水平有限，难免有不足之处，恳请读者批评指正。

编　者

2021年10月

目　录

第一篇　综合篇

第二篇　区域篇

附　录

第一篇　综合篇

第一章 海洋经济宏观形势分析

第一节 全国海洋经济发展形势

1. 海洋经济表现较强韧性

2020年，受新冠肺炎疫情冲击和复杂国际环境影响，国内消费受到一定抑制，外需明显下滑，全国海洋经济面临前所未有的挑战，出现自2001年有统计数据以来的首次负增长。《2020年中国海洋经济统计公报》显示，2020年全国海洋生产总值80 010亿元[①]，比上年下降5.3%，占沿海地区生产总值的比重为14.9%。海洋第一、第二、第三产业占海洋生产总值的比重分别为4.9%、33.4%和61.7%，与上年相比，第一产业和第二产业比重有所增加，第三产业比重有所下降。第三产业中，作为我国海洋生产总值占比最大的滨海旅游业受疫情冲击最大，旅游景区因疫情防控需要阶段关停，游客锐减，产业增加值与上年相比下降了24.5个百分点，是导致海洋经济整体下滑的主要原因之一。疫情防控常态化后，除滨海旅游业外，海洋油气业、海洋渔业、海洋交通运输业、海洋工程建筑业、海洋船舶工业等主要海洋产业快速复苏，产业增加值实现不同程度正增长，增速分别为7.2%、3.1%、2.2%、1.5%和0.9%。

[①] 2020年全国海洋生产总值为初步核算数。

2. 主要海洋产业稳步恢复

除滨海旅游业和海洋盐业外，其他主要海洋产业均实现正增长，海洋电力业继续保持两位数增长，海洋生物医药业、海洋油气业和海洋化工业增长较快，海洋交通运输业和海洋渔业等传统产业恢复性增长，展现出海洋经济发展的韧性和活力。海洋渔业全年实现增加值4 712亿元，比上年增长3.1%。为保障国家能源供应，海洋油气企业加大增储上产力度，产量逆势增长，海洋油、气产量分别为5 164万吨和186亿立方米，比上年增长5.1%和14.5%，全年实现增加值1 494亿元，比上年增长7.2%。海洋交通运输业总体呈现先降后升、逐步恢复的态势，沿海港口完成货物吞吐量、港口集装箱吞吐量分别比上年增长3.2%和1.5%，全年实现增加值5 711亿元，比上年增长2.2%。海洋船舶工业实现恢复性增长，新承接海船订单比上年增长12.2%，海船完工量和手持海船订单降幅收窄；海洋船舶工业全年实现增加值1 147亿元，比上年增长0.9%。海上风电快速发展，全年海上风电新增并网容量306万千瓦，比上年增长54.5%；潮流能、波浪能等海洋新能源产业化水平不断提高；海洋电力业全年实现增加值237亿元，比上年增长16.2%。

3. 海洋领域产业链供应链持续优化

海洋科技创新持续推进，海洋装备成果丰硕，海洋产业链供应链现代化水平不断提高。海洋渔业开启深远海绿色养殖新模式，智慧渔业装备高技术专业化进程加快，10万吨级大型养殖工船中间试验船"国信101"号正式交付，开展大黄鱼、大西洋鲑等深远海工船养殖中试试验。海洋船舶研发建造迈向高端化，17.4万立方米液化天然气（LNG）船、9.3万立方米全冷式超大型液化石油气船（VLGC）等实现批量接单；23 000标准箱（TEU）双燃料动力超大型集装箱船、节能环保30万吨超大型原油船（VLCC）、18 600立方米液化天然气（LNG）加注船、大型豪华客滚船"中华复兴"号等顺利交付。深海技术装备研发实现重大突破，我国首艘万米级载人潜水器"奋斗者"号在马里亚纳海沟成功坐底，深度10 909米，创造中国载人深潜新纪录。海水利用技术取得新进展，100万平方米超滤、纳滤及反渗透膜开展规模化示范应用，形成5千吨/年海水冷却塔塔心构建加工制造能力。海上风电机组研发向大兆瓦方向发展，产业链条进一步延伸。国内首台自主知识产权8兆瓦海上风电机组安装成功，10兆瓦海上风电叶片进入量产阶段。

第二节　区域海洋经济发展态势

1. 促进海洋经济发展政策相继出台

2020年，全国沿海11个省（自治区、直辖市）积极应对新情况，纷纷出台政策措施，培育发展新机遇，促进海洋经济稳定健康发展。

2020年2月，山东省委省政府印发《贯彻落实〈中共中央、国务院关于建立更加有效的区域协调发展新机制的意见〉的实施方案》，提出胶东经济圈重点发展现代海洋、先进制造、高端服务等产业，打造全国重要的创新中心、航运中心、金融中心和海洋经济发展示范区，世界先进水平的海洋科教核心区和现代海洋产业集聚区。同月，山东省海洋局、发展和改革委员会、财政厅、生态环境厅、农业农村厅、地方金融监督管理局等6部门联合印发实施《关于促进海洋渔业高质量发展的意见》，坚持生态优先，增殖、养殖、捕捞、加工、休闲渔业相结合，加快推进海洋渔业治理体系和治理能力现代化，建设山东半岛现代渔业经济区。同年8月，山东省政府办公厅出台《关于加快发展海水淡化与综合利用产业的意见》，提出通过实施沿海工业园区"增水"行动、有居民海岛"供水"行动、沿海缺水城市"补水"行动，加快发展海水淡化与综合利用产业。

2020年3月，浙江省制定《2020年海洋强省建设重点工作任务清单》，聚力做好海洋经济"十四五"发展规划，明确下一阶段海洋强省建设的总体思路、目标要求和任务举措，谋划建设海洋经济发展"一城、一港、两区、两带"新格局。聚焦"建设全球海洋中心城市"目标，宁波市、舟山市分别启动推进全球海洋中心城市规划建设。宁波舟山港加快向世界一流强港转型，发挥对海洋经济发展的核心引领作用。创新推进甬台温临港产业带和生态海岸带建设，全面落实宁波、温州两大国家级海洋经济发展示范区示范任务，继续打造35个海洋特色产业平台。

2020年1月，广东省自然资源厅、发改委、工信厅联合印发《广东省加快发展海洋六大产业行动方案（2019—2021年）》，设立专项财政资金，支持海洋电子信息、海上风电、海洋生物、海工装备、天然气水合物、海洋公共服务等海洋六大产业创新发展，提出到2021年海洋六大产业高质量发展取得显著成效，实现产业增加值1 800亿元左右，年增速达20%以上，占全省海洋生产总值达8%以上，打造2～3个产值超千亿元级的产业集群，成为广东省现代化沿海经济带建设和粤港澳大湾区发展重要引擎。

2020年6月，《海南自由贸易港建设总体方案》印发，提出完善海洋服务基础设施，积极发展海洋物流、海洋旅游、海洋信息服务、海洋工程咨询、涉海金融、涉海商务等，构建具有国际竞争力的海洋服务体系。依托文昌国际航天城、三亚深海科技城，布局建设重大科技基础设施和平台，培育深海深空产业。

2020年9月，深圳市印发《关于勇当海洋强国尖兵 加快建设全球海洋中心城市的实施方案（2020—2025年）》，重点发展海洋经济、海洋科技、海洋生态与文化、海洋综合管理、全球海洋治理五大领域，布局建设蛇口国际海洋城、推动深圳湾红树林湿地纳入拉姆萨尔国际重要湿地名录、建设前海湾人工沙滩等63个涉海重点项目，提出到2025年推动深圳成为我国海洋经济、海洋文化和海洋生态可持续发展标杆城市，以及对外彰显"中国蓝色实力"重要代表。同年2月，《深圳经济特区海域使用管理条例》

出台，通过制度创新助力海洋资源合理开发与海洋生态环境有效保护双赢。

2. 区域海洋经济发展情况

《2020年中国海洋经济统计公报》显示，2020年，北部海洋经济圈海洋生产总值23 386亿元，比上年下降5.6%，占全国海洋生产总值的比重为29.2%；东部海洋经济圈海洋生产总值25 698亿元，比上年下降2.4%，占全国海洋生产总值的比重为32.1%；南部海洋经济圈海洋生产总值30 925亿元，比上年下降6.8%，占全国海洋生产总值的比重为38.7%。

北部海洋经济圈科研教育实力雄厚，是全国科技创新与技术研发基地。2020年，天津市聚焦临港海洋经济发展示范区"提升海水淡化与综合利用水平，推动海水淡化产业规模化应用示范"示范建设任务，成立天津海水淡化产业（人才）联盟，搭建人才创新创业、交流合作平台，以海水淡化产业为切入点，带动海洋高端装备制造、海洋生物医药、海洋服务业等海洋新兴产业加速聚集，打造国家级海洋产业集群。山东省提出建设海洋经济发达、海洋科技领先、海洋环境优美、海洋治理高效的现代化海洋强省目标，支持青岛建设全球海洋中心城市，成立海水淡化产业研究院，推动海水淡化与综合利用产业加快发展，积极推进海洋牧场建设，探索深远海绿色网箱发展新模式，全国第一个坐底式海珍品养殖网箱"国鲍1号"

完成交付。

东部海洋经济圈位于"丝绸之路经济带"与"21世纪海上丝绸之路"的交汇区域，产业基础丰富，是亚太地区重要的国际门户。2020年，上海市推进建立"两核三带多点"海洋产业布局，依托全国海洋经济创新发展示范城市核心承载区建设，支持深海无人潜水器、海洋生物疫苗、海底科学观测网等重点项目建设，发挥航运硬件和软件建设优势，加速供应链节点功能与高端航运服务功能融合，首次跻身新华-波罗的海国际航运中心发展指数排名前三甲。浙江省启动海洋经济重大项目建设计划，全年滚动推进重大项目200个左右，加快舟山江海联运服务中心建设，推进海铁联运，筹建浙江省海洋生态综合实验室，启动建设院士工作站，高水平建设浙江省海洋科学院，构建海洋空间资源、海洋生态环境、海洋信息技术三大核心创新平台，搭建涉海人才平台。

南部海洋经济圈位于"21世纪海上丝绸之路"建设核心区，是我国保护开发南海资源、维护国家海洋权益的重要基地。2020年，福建省推进福州、厦门2个国家海洋经济发展示范区建设，实施示范项目204个，完成投资413亿元；新创建晋江、诏安、东山3个海洋产业发展示范县，策划生成项目101个；升级改造养殖网箱、传统贝藻类养殖设施、深水抗风浪网箱，新建智能化水产加工生产线35条；有序推进福州（连江）国家远洋渔业基地建设，更新改造远洋渔船38艘，远洋渔业逆势同比增长12.3%，产量继续居全国首位。广东省设立专项财政资金，支持海洋电子信息、海上风电、海洋生物、海工装备、天然气水合物、海洋公共服务等海洋六大产业领域创新发展，截至2020年，海上风电项目完成投资约645亿元，在建装机总容量达808万千瓦，建立以红树林、水鸟及栖息地等为保护对象的湿地公园168个（其中国家湿地公园13个），获批国家级海洋牧场示范区已达14个海域，数量占全国总量的13%。

第二章 江苏省海洋经济发展情况

第一节 海洋经济发展总体情况

2020年，面对错综复杂的国际形势和突如其来的新冠肺炎疫情带来的严重冲击，江苏省以习近平新时代中国特色社会主义思想为指导，坚决贯彻党中央、国务院各项决策部署，全面落实习近平总书记关于江苏工作重要讲话重要指示批示精神，统筹推进疫情防控和海洋经济发展，坚持陆海统筹、江海联动、河海联通、湖海呼应、人海和谐，着力推进海洋强省建设，海洋经济发展稳步恢复，结构持续优化，海洋经济高质量发展态势不断巩固。

1. 海洋经济总量保持正增长

2020年，江苏省海洋经济保持增长态势，全年实现海洋生产总值7 828亿元[①]，比上年增长1.4%，占全国海洋生产总值的比重为9.8%。全省海洋生产总值占本省地区生产总值的比重为7.6%（图1），对地区国民经济增长的贡献率为2.6%。除滨海旅游业受疫情影响持续低迷外，大部分海洋产业二季度后期企稳逐步向好，保持稳步发展势头。海洋经济三次产业中，第一产业增加值438.4亿

[①] 2020年江苏省海洋生产总值及其分产业增加值均为国家反馈数。

元，第二产业增加值3 773.1亿元，第三产业增加值3 616.5亿元，占海洋生产总值的比重分别为5.6%、48.2%和46.2%。

图1　2016—2020年江苏省海洋生产总值和三次产业比重情况

2. 江海联动特点进一步凸显

江苏海洋产业布局呈现沿海、沿江"L"型分布特征，海洋经济发展江海联动特点明显。长江南京以下12.5米深水航道开通，5万吨级海轮可直达南京，沿江港口由"江港"变成"海港"。2020年，全省沿海沿江港口完成货物吞吐量24.9亿吨，沿江规模以上港口（含南通）货物吞吐量占全省的比重为73.0%，集装箱吞吐量占全省的比重为70.2%；从集装箱吞吐量来看，苏州港以629万标箱的成绩跻身全国前10名，连云港港、南京港进入全国前20名；从货物吞吐量来看，苏州港、镇江港位列全国前10名，南通港、泰州港、南京港、江阴港、连云港港步入全国前20名。沿海沿江城市发挥国内供应链能力优势，海洋船舶工业与海洋工程装备制造业等加速复产，全年主要生产经营指标完成情况好于预期。2020年，三大造船基地（泰州、南通、扬州）造船完工量占全省的比重为85.4%，全省重点监测的海洋船舶工业企业利润总额比上年增长12.4%。

3. 区域海洋经济协同并进

从区域海洋经济发展来看，2020年，江苏省沿海地区（南通、盐城、连云港）海洋生产总值为4 116.4亿元，比上年增长0.9%，占全省海洋生产总值的比重为52.6%；沿江地区（南京、无锡、常州、苏州、扬州、镇江、泰州）海洋生产总值为3 640.9亿元，比上年增长2.0%，占全省海洋生产总值的比重为46.5%；非沿海沿江地区（徐州、淮安、宿迁）海洋生产总值为70.7亿元，比上年增长0.8%，占全省海洋生产总值的比重为0.9%。

第二节　海洋经济管理

1. 开展海洋经济高质量发展政策研究

落实《江苏省海洋经济促进条例》赋予自然资源部门海洋经

济综合管理职责，开展海洋产业专项基金设立可行性研究和项目储备分析，提出设立江苏省海洋产业投资基金政策建议。推进实施海洋经济统计监测工作全省域覆盖，江苏省自然资源厅、江苏省统计局联合印发《关于做好海洋经济统计工作的通知》，完善海洋经济统计调查和核算体系。聚焦推进海洋经济高质量发展，开展调查研究，围绕加快发展海洋经济、推进沿海经济带建设向省委、省政府提出决策建议。

2. 系统谋划"十四五"海洋经济发展

完成《江苏省"十三五"海洋经济发展规划》实施情况评估，开展"十四五"时期海洋经济发展总体思路、海洋经济高质量发展目标和指标体系、现代海洋产业体系构建等7个重大课题研究，系统谋划"十四五"海洋经济发展战略定位与重点任务，确定《江苏省"十四五"海洋经济发展规划》大纲，开展规划文本编制。落实"多规合一"的国土空间规划体系建设部署，开展省级海岸带综合保护与利用研究，提出具有江苏特色的海岸带保护利用指标体系与目标建议。

3. 扎实推进海洋经济高质量发展评价指标体系研究试点

江苏省作为自然资源部部署的全国唯一一家省级试点单位，

结合不同区域海洋产业布局和海洋经济发展情况，多维度开展海洋经济高质量发展评价指标筛选与评价方法对比研究，形成"江苏省海洋经济高质量发展监测评价指标体系研究报告"，初步构建江苏省分区域海洋经济高质量发展考核指标体系，研究试点成果得到自然资源部肯定，奠定了海洋经济高质量发展纳入江苏省高质量发展综合考核体系理论基础。

4. 不断提升海洋经济运行监测与评估能力

认真落实海洋经济统计核算"二项制度"，在全国率先将海洋经济统计监测由沿海设区市延伸覆盖至全省所有设区市，加强海洋经济统计业务培训，进一步提升各级自然资源部门海洋经济统计监测评估能力。开展非沿海市海洋生产总值核算方法研究，更新完善市级海洋生产总值核算方法，完成全省13个设区市2015—2019年海洋生产总值核算。为进一步夯实海洋经济名录库，协调江苏省统计局共享第四次经济普查数据作为底册，通过省、市、县三级联动，更新和完善了海洋产业单位名录库，形成1.2万家海洋产业单位基本名录库，并筛选出海洋产业涉海企业直报名录库和海洋产业重点涉海企业名录库。强化海洋经济统计监测成果应用，发布《2019年江苏省海洋经济统计公报》，出版《2019江苏省海洋经济发展报告》，发布《2020江苏海洋经济发展指数》。

第三节　海洋科技创新

重大平台建设取得显著突破。2020年12月，重点打造的江苏省实验室——"深海技术科学太湖实验室"揭牌成立，实验室集成多学科研发体系、构建关键核心技术融合创新体系，初创期开展深海运载安全（深潜）、深海通信导航（深网）、深海探测作业（深探）等3个研究方向重大科技攻关，打造国家深海技术科学领域和太湖湾科技创新带原始创新、自主知识产权重大科研成果策源地。11月，江苏自然资源智库南京师范大学研究基地成立，基地以南京师范大学智力资源为基础，联合南京大学、河海大学、江苏海洋大学、南京水利科学研究院等涉海高校与科研机构，开展"海岸带过程与海洋可持续发展"研究，助力海洋发展科学决策和沿海地区社会经济高质量发展。

海洋科技成果转化成效明显。中国船舶重工集团公司第七〇二研究所牵头自主研制的"大国重器"——"奋斗者"号全海深载人潜水器成功坐底10 909米，创造中国载人深潜新纪录。国内首个数字化、智慧化海上风力发电场滨海南H3海上风电项目成功并网发电。

第四节　海洋经济创新示范建设

扎实推进国家海洋经济创新发展示范城市和海洋经济发展示范区建设，促进产业链与创新链融合，推进海洋经济高质量发展。

南通市国家海洋经济创新发展示范城市建设率先通过自然资源部、财政部联合验收，创新示范成效明显。中国船舶重工集团公司第七〇二研究所、哈尔滨工业大学、江苏科技大学、中国科学院沈阳自动化研究所、浙江大学等20家省内外知名高校和科研单位在南通市设立研发中心、工作站、合作基地等，推动一批海洋高新技术国产化及优势成果产业化。各产业链项目投入自筹资金达31.51亿元，三年共新增产品43个、新申请国家专利459项、新立项各类标准59项，新建企业研发中心16个，其中国家级企业研发中心4个，成果转化31项。

盐城市国家海洋经济创新发展示范区采用国内首创立体式综合利用资源模式，打造东台沿海经济区风光渔一体化太阳能光伏电站综合发电项目，上有风力发电、中有光伏利用、下有水面养殖，形成风光互补、循环经济、高效养殖、立体科普旅游四大特色。

连云港市国家海洋经济创新发展示范区依托陆桥和港口优势，打造"一带一路"沿线国家和地区过境运输、仓储物流等国际开放发展平台，围绕"国际海陆物流一体化模式创新"构建多式联运体系，首创中欧班列"保税+出口"集装箱混拼模式并获海关总署备案，打破保税出口货物与国内一般贸易出口货物单独装箱、凑整发运限制。推行国际班列（过境）集装箱"船车（站）直取零等待"模式，单箱中转成本降低60%。

第五节　财政金融支持海洋经济发展

1. 积极发挥财政资金支持引导作用

综合运用战略性新兴产业专项资金、工业和信息产业转型升级专项资金、海洋科技创新专项资金、自然资源管理专项资金等，优化支出结构，支持构建现代海洋产业体系，促进海洋经济高质量发展。2020年，省级战略性新兴产业专项资金安排6.88亿元，支持41个包括海洋高端装备制造在内的十大战略性新兴产业领域的重大项目、产业链重要环节以及技术创新重大载体建设，项目承担单位大多为涉海企业，其中高端装备制造产业项目6个。省级工业和信息产业转型升级专项资金聚焦先进制造业集群培育，重点支持企业技术改造升级、关键核心技术（装备）攻关、龙头骨干企业培育、产业升级平台建设等项目。省自然资源发展专项资金（海洋科技创新）支持海洋领域的11个科技项目，提升海洋科技创新引领作用，支撑全省海洋经济高质量发展。江苏省科技厅数据显示，省科技成果转化资金支持和引导风电领域骨干企业在南通市实施省科技成果转化项目7项，投入5 400万元，带动企业新增投入12.2亿元，累计实现销售36.8亿元，新增利润2.1亿元。

2. 不断拓展金融信贷支持渠道

江苏省地方金融监管局、省财政厅、中国人民银行南京分行、中国银保监会江苏监管局在江苏省综合金融服务平台开设受疫情影响小微企业融资绿色通道，鼓励银行业金融机构开展服务对接，为包括涉海企业在内的普惠口径小微企业提供信贷服务，重点支持小微企业流动资金信贷需求。普惠型小微企业贷款综合融资成本比上年下降0.5个百分点，贷款利率至少下降0.3个百分点。

第六节　海洋资源管理和生态文明建设

1. 海洋资源管控力度不断加大

坚持生态优先、集约利用、分类施策原则稳妥开展围填海历史遗留问题处置工作，按照"成熟一个处置一个"要求，指导地方政府开展生态评估，编制处理方案与备案，引导符合国家产业政策、切实有效投资的建设项目落地，严格限制用于房地产开发、低水平重复建设旅游娱乐项目及污染海洋生态环境的项目。2020年，海门市、启东吕四港区、通州湾一港池区域等3个围填海历史遗留问题处理方案获自然资源部备案，累计盘活存量围填海空间约3 050公顷，有效保障了通州湾新出海口吕四起步港区等重大项目用海需求。开展新一轮海岸线修测工作，共投入7 460人次完成勘测1 422千米，接受自然资源部东海局5轮审查，形成初步成果。组织完成约14万公顷养殖用海现状调查试点，为全国养殖用海调查工作探索积累可推广工作模式和技术经验。

2. 海洋生态环境保护工作持续深化

深入推进海岸带保护修复工程，连云港市连云新城岸线整治与湿地修复工程成效初显，南通市启东市海岸带保护修复项目入选中央财政支持项目库。开展海岸带防灾减灾现状调研，江苏省自然资源厅会同省水利厅、省林业局编制实施"海岸带保护修复工程实施方案"。江苏首艘近海生态环境监测执法船项目获批立项，填补了全省海洋保护领域重大装备空白。持续推进浒苔联防联控，制定实施《2020—2021年度浒苔绿潮联防联控工作方案》，清退非法紫菜养殖面积6.1万亩[①]，压减生态红线区养殖面积9.6万亩；开展浒苔绿潮早期防控试验，86 938台紫菜养殖筏架和缆绳实施除藻作业，10余家企业、6 000余台养殖筏架开展生态养殖试点，圆满完成各项试验任务。

3. 海洋预报减灾工作进一步完善

加强江苏省海洋灾害预警监测，强化与国家海洋预警预报机构会商，完善海洋灾害预警报发送途径，服务沿海经济社会发展。全年编发海洋环境预报366份，洋口中心渔港72小时海浪、潮汐预报366份。开展"黑格比"等3个影响江苏海域台风的预警预报，有效保障沿海人民群众生命财产安全和经济社会发展。开展沿海县（市、区）海洋灾害风险区划和评估工作，奠定海洋灾害风险普查基础。

---

① 1亩≈666.67平方米。

第三章　江苏省海洋产业发展情况

第一节　海洋渔业

海洋渔业平稳发展。2020年，江苏省海水养殖产量92.3万吨，同比上升0.8%；海洋捕捞产量44.6万吨，同比下降6.3%。江苏省政府办公厅印发《关于加快推进渔业高质量发展的意见》，提出加快形成海水养殖立体发展体系，提升潮上带池塘养殖能力，稳定潮间带贝藻类养殖面积，拓展潮下带渔业发展空间；支持开展深远海智能化养殖试验，探索开展深水抗风浪网箱、深远海大型智能化养殖渔场建设；推动远洋渔业发展，鼓励国际渔业资源探捕、远洋捕捞产品回运和深加工；探索渔业资源可持续利用方式，因地制宜推动海洋牧场建设；充分利用现有资金渠道，进一步加大对海洋渔业发展等财政专项支持力度。

第二节　海洋交通运输业

海洋交通运输业企稳回升。2020年，江苏省沿海沿江港口完成货物吞吐量24.9亿吨（图2），一季度、上半年、前三季度、全年货物吞吐量增速"先抑后扬"，同比分别为-1.8%、2.2%、2.8%、3.1%。其中，外贸货物吞吐量5.6亿吨，同比上升6.0%；

集装箱吞吐量1 837万标箱，同比上升0.4%。沿海港口中，连云港港货物吞吐量达2.4亿吨，同比增长3.1%；沿江港口中，无锡（江阴）港货物吞吐量增幅较大，同比增长10.3%，达2.5亿吨。多个港口发展亮点纷呈：苏州港以集装箱吞吐量629万标箱的业绩，位列全国第8大集装箱港口，排名上升1位；江苏省港口集团苏州港港盛分公司获得2020年"亚太绿色港口"称号；通州湾新出海口吕四起步港区"2＋2"码头工程、通扬线通吕运河段航道整治工程、通州湾新出海口一期通道工程集中开工，通州湾新出海口建设迈出从规划到建设关键一步，进入实质性全面启动阶段。

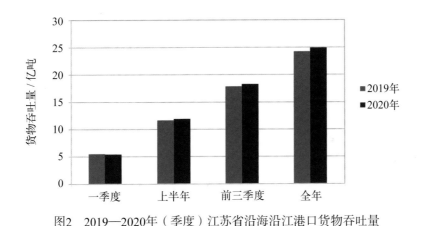

图2　2019—2020年（季度）江苏省沿海沿江港口货物吞吐量

第三节　海洋船舶工业

海洋船舶工业发展总体好转。国内疫情有效控制后，江苏省海洋船舶工业企业复产加速，受前期订单回补、海外市场订单转移等因素影响，造船完工量降幅收窄，一季度、上半年、前三季度、全年增幅同比分别为−29.2%、−9.6%、−11.7%、−3.8%（图3）。面对严峻形势和巨大困难，江苏省造船企业经受住考验，利用"5G+AR"等信息技术手段，创新运用"云检验""云交付""云签约""云发布"等工作方式，充分发挥国内供应链能力优势，保证既有订单生效，努力开拓新市场，采用国内配套替代国外产品，实现顺利交船，全年主要生产经营指标完成情况好于预期。2020年，重点监测的海洋船舶工业企业利润总额增长12.4%；全省造船完工量为1 732.5万载重吨，同比下降3.8%，占全国比重38.4%；新承接订单量为1 377.5万载重吨，同比增长12.5%，占全国比重47.6%；手持订单量为2 836.6万载重吨，同比下降26.4%，占全国比重39.9%。中国船舶工业集团有限公司与省政府签署战略

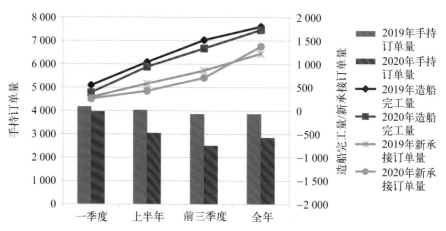

图3　2019—2020年（季度）江苏省三大造船指标（单位：万载重吨）

合作协议，双方将在深远海与极地装备、现代海洋经济、传统产业转型升级、智慧海洋与智慧城市、节能环保、基础设施建设等领域深化全面合作，并共同支持江苏科技大学建设成为具有船舶特色的一流大学。

第四节　滨海旅游业

　　滨海旅游业回暖缓慢。以人流量为发展基础的旅游行业，在疫情"暴击"之下格外艰难。2020年，沿海三市全年接待入境过夜游客13.5万人次（图4），同比下降55%；接待国内游客6 588.6万人次，同比下降49.9%；国内旅游收入706.6亿元，同比下降59.9%。但疫情也催生了旅游新业态和服务新模式，云旅游、跨界直播带货成为旅游企业发展"新大陆"，自驾游、国内周边游等推动旅游行业转变运营模式重新获客。江苏沿海三市多措并举，助力滨海旅游产业恢复。《连云港市旅游促进条例》颁布实施，从法制层面促进旅游产业升级发展。盐城市举办2020盐城文化旅游（上海）推介会，签约旅游建设投资、运营管理和市场开发等合作项目10个，总投资额达32.3亿元。2020中国南通江海国际文化旅游节成功举办，上海旅游节首次在南通设立分会场，开展两地精品旅游线路、旅游产品互动，惠民服务共享，两地客源互送。苏州、无锡、常州、南通四地签署客源互送战略合作协议，共同拓展旅游市场。

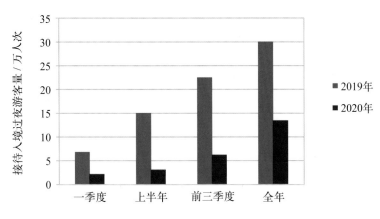

图4　2019—2020年（季度）江苏省接待入境过夜游客量

第五节　海洋工程装备制造业

海洋工程装备制造业面临挑战。受国际油价暴跌和新冠肺炎疫情等影响，海洋油气资源勘探开发装备制造业产销及供应链受累明显，海工装备领域中浮式生产储卸油船（FPSO）、浮式海上石油生产装置（FPU）等重要项目被迫中断或无限期推迟。国家2021年风电平价上网时间节点确定，海上风电上网电价政策落地，带来海上风电新一轮装机潮，2020年海上风电设备产业依旧加速增长。江苏省积极推进装备制造业产业重点项目和基地建设，大力支持海工装备产业科技创新。中国华能集团有限公司与盐城市政府签署战略合作协议，共同推进海上风电资源开发建设，打造海上风电装备制造基地，推动海上风电研发基地建设。2020年江苏（南通、泰州、扬州）海工装备和高技术船舶先进制造业集群项目获工信部批准，集聚行业资源和成果，打造世界级先进制造业产业集群，推动海工装备产业高质量发展。中国船舶重工集团公司第七〇二研究所牵头自主研制的"大国重器"——"奋斗者"号全海深载人潜水器成功坐底10 909米，创造中国载人深潜新纪录。

第六节　海洋电力业

海洋电力业发展势头强劲。国家发展和改革委员会、司法部联合印发《关于加快建立绿色生产和消费法规政策体系的意见》，在促进能源清洁发展方面，提出加大对分布式能源、智能电网、储能技术、多能互补的政策支持力度，研究制定海洋能、氢能等新能源发展的标准规范和支持政策。在国家大力推进清洁能源使用背景下，海上风电需求进一步释放。2020年，江苏省海上风电累计装机容量达572.7万千瓦，同比增长35.4%；海上风电发电量达112亿千瓦·时，同比增长40.7%（图5）。滨海南H3海上风电项目成功并网发电，国内首个数字化、智慧化海上风力发电场进入投运阶段。全国首个海上风电智能监管平台在南通上线，通过动态感知、气象监测、视频监控、移动互联、智能分析等手段，实时掌握风电场施工作业中的船舶、人员信息以及环境安全信息，对施工、运维作业过程进行综合管控。2020中国（南通）海上风电产业链发展大会在南通召开，会上24个项目现场签约，南通（如东）风电母港装备产业基地同日揭牌。南通市人民政府办公室发布《南通市打造风电产业之都三年行动方案（2020—2022年）》，计划通过三年时间，打造风电产业之都，形成千亿级风电产业集群，到2022年，风电累计装机容量800万千瓦，风电产业营业收入突破1 200亿元。2020中国新能源高峰论坛——海上风电论坛在盐城举办，围绕海上风电的大基地建设、柔性直流示范项目建设、去补贴背景下技术创新及降本、新型风能转换装置等进行研讨，并开展"海上风电平价时代技术与管理的降本优化"高端对话。

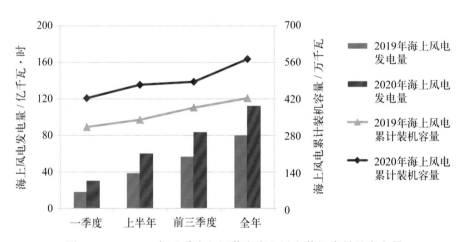

图5　2019—2020年（季度）江苏省海上风电装机容量及发电量

第七节　海洋生物医药业

海洋生物医药业稳步发展，产业园区建设加快推进，产业增势稳健。2020年，全年实现增加值61亿元，比上年增长10.9%。盐城市大力推进海洋生物产业发展，以蓝色、高端、新兴为主题全力打造海洋生物产业园,重点发展生物制药、化学制药、现代中药、医疗器械及健康保健五大产业,以创新为源头,以产业链和创新链协同发展为途径,培育新业态、新模式,提升产业集群持续发展能力和国际竞争力,不断加大品牌创建力度、产学研合作力度、人才引进力度和开放融合力度,打造全国有影响力的海洋生物产业集聚区。

第八节　海水利用业

海水利用业逐步回暖。2020年,海水淡化产量达到11 752.2吨(图6),同比增加1.6%;受工业企业加速复工用电需求增大影响,沿海核电、火电、钢铁、石化等行业海水直流冷却、海水循环冷却应用规模不断加大,全年海水直接利用达92.3亿吨,同比增加28.0%。全年重点监测的海水利用企业利润总额增长10.8%。

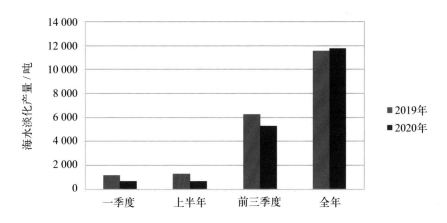

图6　2019—2020年(季度)江苏省海水淡化产量

第二篇　区域篇

第四章 沿海地区海洋经济发展情况

第一节 南通市

2020年，南通市紧扣"向海发展"战略取向，围绕争当龙头先锋、打造江苏省发展新增长极，立足新出海口、苏沪融合发展、大通州湾等重点战略布局，着力推进全市海洋经济高质量发展。

1. 2020 年海洋经济发展情况

（1）海洋经济发展总体情况

2020年，南通市海洋经济运行逐季改善、稳定恢复，总体呈现稳中向好态势。全年实现海洋生产总值2 107.4亿元，占地区生产总值的比重为21%，占全省海洋生产总值的比重达26.9%。

（2）主要海洋产业发展情况

海洋渔业总体稳定。统筹渔业生产安全，着力推进现代海洋渔业科学发展。加快吕四仙渔小镇"江苏省特色小镇"、吕四港镇"全国最美渔村"、中洋河豚"全国精品休闲渔业基地"、黄金海滩"全国休闲渔业示范基地"等特色休闲渔业健康发展，全面提升海洋渔业发展质量与效益。2020年，海洋渔业稳产保供功能持续发挥，海洋捕捞产量22.2万吨，约占江苏省1/2，其中远洋捕捞产量

1.01万吨，同比略有下降；海水养殖产量34.88万吨，海水养殖面积约119万亩。

海洋交通运输业快速增长。2020年，南通港全年累计完成货物吞吐量3.1亿吨，其中集装箱吞吐量191.1万标箱，同比增长24%，保持快速增长态势。集装箱吞吐量中，内贸航线完成153.4万标箱，同比增长27.9%，外贸航线完成37.7万标箱，同比增长10.1%，畅通南通融入国内国际双循环、服务构建新发展格局物流通道。大通州湾港口建设全面起势，通州湾新出海口主体港区一期通道、吕四作业区"2+2"码头、疏港内河航道、疏港公路等重大工程全面开工。

海洋船舶及海洋工程装备制造业加速转型。2020年，南通市海洋船舶及海洋工程装备制造业实现产值1 075.6亿元，同比增长8.9%。全年造船完工量320万载重吨，同比下降3.29%，占全国的8.3%、全省的18.4%；新承接订单量326.9万载重吨，同比增长197.18%，呈现明显上升态势；至2020年年底，手持订单量570万载重吨。南通中远海运川崎船舶工程有限公司获评江苏省先进制造业和现代服务业深度融合试点企业和江苏省互联网标杆工厂。江苏海新船务重工有限公司等参与的"海上大型绞吸疏浚装备的自主研发与产业化"项目荣获2019年度国家科学技术进步奖特等奖。南通中远海运船务工程有限公司、启东中远海运海洋工程有限公司、南通大学等单位的"深远海多功能原油转驳船自主开发与工程应用"和"圆筒型浮式海上油气生产储卸平台设计与制造"项目同时荣获

2020年度中国航海学会科学技术进步奖一等奖。

海洋电力业持续向好。截至2020年年底，南通市已建成投产龙源如东、中水电江苏如东、华能如东、江苏蒋家沙300兆瓦等11个海上风电项目，海上风电累计装机规模达211.348万千瓦，同比增长约45.8%，"海上风电看南通"发展态势加快形成。南通聚焦海上风电产业全链高质量发展，发布《南通市打造风电产业之都三年行动方案（2020—2022年）》，聚力完善产业链，着力培育创新链，致力优化服务链，全方位打造风电产业之都。

滨海旅游业砥砺前行。2020年，结合疫情防控情况，适时推动滨海旅游业消费回补、产业重振和市场复苏，全年入境旅游者11.31万人次，其中外国人9.78万人次、港澳台同胞1.53万人次；旅游外汇收入2.2亿美元。推动航母文化旅游度假区、恒大文旅城、洲际梦幻岛、龙湾小镇等重特大旅游项目高标准建设；高标准组织2020年南通乡村旅游节，"南黄海江海美食二日游"等3条旅游线路入选江苏省乡村旅游精品线路；成功举办2020中国南通江海国际文化旅游节、"乘着高铁游南通"主题旅游推广活动。

2. 2020 年重点举措

坚持规划引领。聚焦江苏省委主要领导在南通调研时提出的要把沿海建成"令人向往的生态带、风光带和高质量发展的经济带"目标要求，加快推进沿江沿海空间布局规划编制；高标准推进海洋经济发展规划等专项规划编制，科学谋划全市海洋经济高质量发展。

坚持创新示范。以全国首批海洋经济创新发展示范城市建设为基点，充分发挥资源集聚、示范引领效用，推动海洋经济规模稳步增长、海洋新兴产业持续发展。2020年10月12日，南通市国家海洋经济创新发展示范城市首家以优秀等次通过自然资源部和财政部联合验收。

聚焦运行监测。加强与发改、工信、统计、旅游等部门数据共享衔接，健全市县两级海洋经济统计监测联动机制，不断提升海洋经济管理水平。完成南通市4 700家海洋产业单位名录库更新工作，形成两千余家涉海特征明显、涉海关联性强的海洋产业单位基本名录。

聚焦要素保障。发挥海域资源要素作用，实施重特大项目用海报批"绿色通道"，保障南通市海洋经济高质量发展。吕四港2+2码头工程（新出海口开港项目）、如东风电场工程（省级重大项目）等34宗经营性建设用海项目获批，全年累计获批建设用海总面积约9.3万亩，拉动总投资近930亿元，位居全省第一。

第二节 盐城市

2020年，盐城市抢抓海洋强国建设、长三角一体化发展、淮河经济带建设等战略机遇，坚持"两海两绿"发展路径，认真谋划产业绿色化和绿色产业化发展，着力推进海洋主导产业和海洋经济示范区建设，全力推动海洋经济高质量发展。

1. 2020 年海洋经济发展情况

（1）海洋经济发展总体情况

2020年，盐城市实现海洋生产总值1 153.5亿元，同比增长0.9%，海洋生产总值占地区生产总值的比重为19.4%。其中，第一产业增加值140.7亿元，第二产业增加值526亿元，第三产业增加值486.8亿元，海洋经济三次产业增加值占海洋生产总值的比重分别为12.2%、45.6%和42.2%。

（2）主要海洋产业发展情况

海洋渔业小幅增长。盐城市水产品总产量、渔业经济总产值、水产养殖面积、渔业产业化经营水平等多项经济指标位于江苏省前列。2020年，全市海水养殖产量26.16万吨，同比增长1.2%；海洋捕捞产量7.44万吨，同比下降10.47%。全市实现海洋渔业增加值100.5亿元，同比增长1.6%。受"双控"制度影响（对捕捞渔船的数量和主机功率实行控制），海洋捕捞业发展呈逐年下降趋势。

海洋交通运输业有待复苏。积极应对疫情影响，国内外航运市场年末逐步开始复苏。2020年，盐城港"一港四区"完成货物吞吐量8 264.6万吨、集装箱吞吐量26.4万标箱，全年实现增加值39.5亿元，比上年下降16.3%。大丰港实现货物吞吐量5 309.73

万吨，同比增长0.1%；集装箱吞吐量26.20万标箱，同比增长2.3%；外贸吞吐量1 714.83万吨，同比增长6.2%。射阳港实现货物吞吐量747万吨，5万吨级进港航道开工建设。

滨海旅游业受到一定冲击。克服新冠疫情对旅游行业的冲击，2020年盐城市游客接待量2 400万人次，恢复到上年同期的64.9%，恢复水平为江苏省第二。滨海旅游业实现增加值99亿元，比上年下降16.7%。盐城市现有国家4A级以上景区18家、省级旅游度假区6家、省五星级乡村旅游区4家，省级旅游度假区、省五星级乡村旅游区数量位列江苏省第二。深度接轨上海，"乘着高铁游盐城"主题活动深入人心。大丰创成国家全域旅游示范区，"荷兰花海"顺利通过国家5A级旅游景区景观质量评审。

海洋工程装备制造业发展向好。借助大规模海上风电场建设，积极推进风力发电装备制造全产业链发展，打造国际绿色能源之城，覆盖技术研发、装备制造、风场建设、运维服务的风电装备全产业链基本形成。产业链龙头企业加速集聚，金风科技、远景能源、上海电气等3家全球知名整机制造商相继落户，中车电机、LM风电叶片、天顺风能、京冶轴承、亨通海缆等一批行业细分龙头均在盐城投资建厂。2020年，风电装备产业继续保持快速发展，实现风电装备制造总产值287亿元，同比增长11.6%。积极开拓风电装备产业海外市场，出口风机210台套，出口装机容量766.5兆瓦；叶片出口额达到2.02亿美元。作为中国风电叶片出口三大港口之一，盐城港大丰港区风电叶片出口量连续三年位列江苏口岸第一。各地加大招商引资力度，新上一批风电场项目和风电装备制造项目，大丰风电产业园签约亿元项目2个，新开工亿元项目3个，竣工亿元项目4个，完成企业重组1家。实现开票销售收入160.51亿元，同比增长26.7%。

海洋电力业全国领先。盐城海洋电力业主要集中在海上风力发电。盐城海上风电发展走在全国前列，是国家海上风电产业区域集聚发展试点城市。近年来，海上风电产业规模不断扩大，至2020年年底全市海上风电装机容量超过350万千瓦，占全省的2/3、全国的近1/2，规模居全国地级市之首。2020年，实现风力发电总产值48.2亿元，同比增长50.8%。海上风电并网规模约占全国的39%、全球的1/10，盐城已成为名副其实的"海上风电第一城"。

海洋生物医药业增势良好。盐城市海洋生物医药业稳步发展，海洋生物产业园区建设进一步加快，全年实现增加值11.8亿元，比上年增加14.6%。江苏明月海藻生物科技公司消耗原料海藻19 200吨，生产海藻酸钠6 800吨，产值3.3亿元。东台市弶港镇积极发挥传统种植优势，嫁接龙头加工企业，不断壮大甜叶菊产业规模，成为老百姓致富增收的"梦工场"，脱贫攻坚的"聚宝盆"，2020年甜叶菊产业规模突破15亿元。

2. 2020 年重点举措

深化沿海港口管理体制改革。盐城市沿海建有大丰港、射阳港、滨海港、响水港4个港口，长期以来一直相对独立发展、整合性不高。2020年6月16日，江苏盐城港控股集团有限公司成立，为市属一档国有企业，整合港口资源，实行统一管理和经营，提升港口经营效率，更好地服务于沿海高质量发展。盐城港"一港四区"均为国家一类对外开放口岸，拥有万吨级以上泊位24个，为盐城沿海开放开发提供了更好支撑。

积极推进海洋生态环境保护。自然保护区缓冲区退渔还湿任务全部完成，退出区域实行自然生态修复。大力推进围填海历史问题处置，分类提出解决方案，主攻重点问题解决，取得较好效果。继续组织开展浒苔绿潮联防联控，东台市和大丰区积极开展紫菜养殖面积清退压减，全市紫菜面积减少一半，同时积极推进紫菜养殖新材料、新工艺试点，取得较好试验效果。

加强海洋经济运行监测。认真落实海洋经济统计报表制度和海洋生产总值核算制度，做好季报、年报和企业直报工作，编制年度海洋经济发展报告，及时掌握全市海洋经济发展情况。组织开展海洋产业单位名录库更新工作，准确掌握涉海企业运行情况。

第三节　连云港市

2020年，连云港市加快建设现代海洋城市，深入实施以港兴市核心战略，持续打造"一体两翼"港口群，大力推进钢铁、石化等临港产业发展，积极促进海滨城市品质提升。全市海洋经济发展在新冠疫情冲击下表现出较好的韧性，蓝色引擎作用持续发挥。

1. 2020 年海洋经济发展情况

（1）海洋经济运行总体情况

2020年，连云港市统筹疫情防控，克服经济下行压力，除滨海旅游业出现较大下滑外，实现海洋交通运输、海洋服务等产业逆势增长，全市实现海洋生产总值855.5亿元，同比增长0.2%，占地区生产总值比重为26.1%。

（2）主要海洋产业发展情况

海洋渔业加快转型升级。2020年，连云港市实现海洋捕捞量11.8万吨，海水养殖产量31.2万吨。国内首艘南极磷虾专业捕捞加工船"深蓝"号从连云港扬帆起航开赴南极，配套的南极磷虾高值化开发产业园区项目同步开工建设。积极加大海洋增殖放流工作力度，全市投入资金700余万元增殖放流各类水生生物苗种累计7.49亿尾。持续推动海洋牧场建设，加大海州湾牧场资金投入，海洋牧场建设储备项目达到5项。合理规划发展紫菜养殖产业，严控紫菜养殖面积，推广玻璃钢插杆养殖、贝藻间养等生态养殖模式，试验紫菜翻板养殖新模式，突破插杆养殖水深限制，实现外海较深海域成功养殖紫菜。加快赣榆、连云紫菜产业园区建设，积极创建紫菜电商产业园。

海洋交通运输业逆势上扬。2020年，连云港港累计完成货物吞吐量2.4亿吨，同比增长3.1%，其中集装箱吞吐量完成480万标箱，同比增长0.48%，两项指标逆势"双双翻红"。新开8条集装箱航线，其中2条近洋航线，1条外贸内支线，2条内贸航线，3条海河联运航线。蚌埠、扬州至连云港铁水联运业务和侯马无水港国际铁海联运项目成功启动，济宁、阜宁、周口至连云港海河联运航线开通，有力吸引腹地货源集聚。进一步优化货源结构，积极开发氧化铝、玉米和大麦等新货种，增强市场抗风险能力。"车（站）船直取""保税+出口""互联网+"公路运力等15项创新案例中有7项获批省级创新实践案例并被复制推广，首创的国际班列过境集装箱"车（站）船直取"零等待模式获得国家层面认可，向全国口岸推广。

滨海旅游业基础筑牢。2020年，坚持城市即旅游、旅游即城市理念，加快文旅融合，加强旅游推广，抢抓项目建设，着力建设全国知名的旅游目的地，全年共接待游客2 563万人次。推动77个文旅项目建设，打造"祥云""蟠桃园"等景观，启动藤花落国家考古遗址公园建设前期工作，加快连岛5A景区创建。其中，大花果山文旅综合提升、秦山岛提升改建二期工程等5个项目入选省重点文化和旅游项目库。丰富旅游发展业态，多途径加大旅游推介力度，发展工业旅游、乡村旅游，做活"旅游+"文章，开通以连云港为母港的国际邮轮。大力发展夜游经济，打造"夜港城"地标、商圈和生活圈。

海洋工程装备制造业稳步发展。形成以中国船舶重工集团公司第七一六所、连云港中复连众复合材料集团有限公司、江苏杰瑞自动化有限公司等科研院所和企业为代表的产业集群，产品涵盖海洋观测与探测装备、钻井自动化装备、海上风电、船用岸电、海水淡化装备制造等领域。中复联众"海上风机叶片"国内市场占有率第一，成为国内首家获得DNV.GL工厂认证证书的叶片制造厂商。江苏杰瑞位列LNG油气储运高端装备领域全国前三。

海洋生物医药业前景良好。聚焦"中华药港"核心区建设，打造世界级医药产业特色园区，成为全国最大对美制剂出口基地、抗肿瘤药物、抗肝炎药物、现代中药生产基地。江苏佰益海洋科技有限公司年产海藻酸钠6 000吨，90%以上产品出口到欧美和东南亚地区。总投资7.56亿元的江苏深蓝远洋渔业有限公司南极磷虾生物高值化加工利用项目获批，建成后将形成年产400吨南极磷虾油及磷虾油胶囊制品、100吨南极磷虾蛋白肽、2 400吨南极磷虾干、副产1 600吨脱脂南极磷虾粉生产能力。

海洋电力业取得突破。连云港市第一个海上风电项目华能灌云海上风电项目建设取得重大进展，项目一期投资约53亿元，总装机容量300兆瓦，规划装机48台，2020年已完成装机30余台，年发电量达11 403万千瓦·时，是国内首个位于旋转流潮汐海域的海上风电项目。

海水利用业稳定发展。连云港市海水利用以江苏田湾核电站海水直接利用为主。2020年，田湾核电站5号、6号机组投入运营，

1～6号机组年直接利用海水量841 734.6万吨。

2. 2020年重点举措

推进海洋经济发展示范区建设。2020年5月，连云港市自然资源和规划局、连云港市发展和改革委员会联合印发《江苏省连云港海洋经济发展示范区建设2020年工作要点》，明确4大类39项重点任务，构建海洋产业集聚发展高效载体和引领平台，促进海洋资源高效利用。科学评估示范区建设情况，有序推进示范区建设。

发挥自贸区创新引领作用。江苏自贸试验区连云港片区聚焦制度创新，加快培育新业态、新模式，政府职能转变、营商环境优化、通关便利化改革等领域取得阶段性成效，形成55项具有连云港特色的创新实践案例。首创中欧班列"保税+出口"集装箱混拼、国际班列"车船直取"零等待，打造"港航通"特色国际贸易"单一窗口"，成立国内首个海事海关危险品联合查验中心，建立"1+4"船载危险货物联合查验机制，推行中韩陆海联运甩挂运输车货一体通关，试行中亚过境货物监管新模式。

建设集聚优质要素开放门户。先后在北京、上海等地组织项目推介活动，带动全市签约项目51个、总投资2 100亿元。打造具有全球竞争力的"中华药港"，组建北京大学分子工程研究院连云港单分子研究中心，设立连云港医药人才创投基金，成立药品认证审评服务中心。跨境电商综合试验区成功获批，举办中国连云港电商发展大会暨首届518网络购物节，跨境电商体验中心、跨境电商保税仓等相继投入使用。依托国家级石化产业基地建设，积极谋划布局油气全产业链。相继召开第六届中国（连云港）丝绸之路国际物流博览会、第三届中国（连云港）国际医药技术大会。搭建陆海联运数据交换通道，连云港港口成为我国铁路给予全面数据交换、哈萨克斯坦铁路允许实时查询的唯一港口。

实施蓝色海湾整治行动。蓝色海湾整治项目累计完成投资约2.88亿元，实施进度达61.6%。截至2020年年底，滨海湿地修复工程完成土方疏浚147万立方米，形成水系面积57.32万平方米，生态湿地底基质处理约440万立方米，建设完成300亩耐盐碱植物选育基地，成功引种乔灌草植物100余种。

开展海洋产业单位名录库更新。印发《连云港市海洋产业单位名录更新工作实施方案》，全市共核查涉海企业2 767家，其中初步确定涉海企业2 610家，在全省率先通过成果验收，为科学开展海洋经济统计监测评估工作奠定基础。

完善海洋经济运行监测体系。加强"系统核查员、部门联络员、企业信息员"海洋经济统计队伍建设，推动建立市局、县区局（分局）、基层所上下联动三级工作体系，建立重点涉海企业联系制度。筹备建设海洋经济信息化平台，推进海洋经济数据从人工采集向"智能化"统计分析转变，提高海洋经济运行监测效率。

第五章 沿江地区海洋经济发展情况

第一节 南京市

南京市是我国东部重要中心城市、重要科研教育基地和综合交通枢纽，长江深水航道开通，南京港江海转运主枢纽港地位更加突出。海洋产业涵盖海洋交通运输业、海洋船舶工业、海洋工程装备制造业、海洋信息服务业等17个海洋产业。

1. 2020年海洋经济发展情况

（1）海洋经济总体运行情况

2020年，南京市实现海洋生产总值701.4亿元，同比增长2.7%，占地区生产总值的比重为4.7%，占全省海洋生产总值的比重为9%。从海洋三次产业结构来看，海洋第二产业占比32.9%，海洋第三产业占比67.1%。海洋交通运输业、海洋船舶工业等对南京市海洋经济支撑作用较强。

（2）海洋产业发展情况

海洋交通运输业。2020年，海洋交通运输业增加值为136.4亿元，占主要海洋产业增加值的比重为67%。南京港实现港口货物吞吐量2.5亿吨，同比下降2.2%，其中外贸货物吞吐量3 209万吨，同比下降3.1%，集装箱吞吐量302.2万标箱，同比下降8.6%。新增"南京—日本"集装箱外贸航线，常态化运作后每月可新增加集装箱吞吐量约10 000 TEU。栖霞山东侧长江客运码头、邮轮母港列入《南京市城市总体规划（2019—2035）》《南京港总体规划（2018—2035）》，进一步打造南京江海门户形象。

海洋船舶工业。2020年，海洋船舶制造业增加值为38.4亿元，占主要海洋产业增加值的比重为19%。船舶企业积极应对疫情防控和复工复产工作，保障船舶顺利交付。招商局金陵船舶（南京）有限公司采用视频连线加文件邮签的"云交付"形式与船东上海中谷物流股份有限公司完成第六艘1 900箱集装箱船签字交船手续，与新加坡通顺公司完成第七艘8.2万吨散货船（通祥号）签字交船手续。7月，招商局金陵船舶（南京）有限公司首制欧洲豪华客位滚装船上船台，TT-LINE866客位滚装船采用LNG燃料驱动，是安全、舒适、绿色、环保的新一代客滚船的典型代表。

海洋科研教育管理服务业。南京市高校和科研院所众多，科研基础深厚，加之创新名城、城市"硅巷"建设等一系列政策支持，海洋科研教育管理服务业增加值占海洋生产总值比重不断提升。2020年12月，东南大学海洋信息与工程研究院揭牌，推进交叉学科发展，打造国际以及国内一流的海洋信息与工程研究院，支撑海洋战略新兴产业技术创新。2020年5月，生物饲料开发国家工程研究中心江苏分中心框架协议签约暨海洋微藻利用研讨会在河海大学成功举办，充分发挥各方的科技研发优势，促进生物饲料科技成果转化。南京大学地理与海洋科学学院在中国近海海洋热浪研究方面取得重要进展，以"Marine heatwaves in China's marginal seas and adjacent offshore waters: past, present, and future"为题于2020年3月在海洋科学类的顶级期刊 *Journal of Geophysical Research: Oceans* 在线发表，并被选为当期封面文章。

2. 海洋经济管理

谋划"十四五"海洋经济发展。启动《南京市"十四五"海洋经济发展规划》编制工作，系统谋划南京市"十四五"期间海洋经济发展定位与主要任务。目前已形成中期成果。

开展海洋产业单位名录库更新。遵循"存量要准、增量要精、条条见底"原则，组织开展全市海洋产业单位名录库更新工作，形成南京市海洋产业单位名录库更新（2020年）成果，摸清海洋产业单位基本情况，奠定海洋经济监测评估工作基础。

第二节　无锡市

无锡市的海洋产业中，海洋交通运输业、海洋工程装备制造业、海洋船舶工业、海洋信息服务业、海洋工程建筑业占比较高。其中，海洋工程装备制造、海洋交通运输类企业比重超过30%。

1. 2020 年海洋经济发展情况

（1）海洋经济总体运行情况

据初步核算，2020年无锡市海洋生产总值612.2亿元，同比增长1.5%，占地区生产总值的比重为5.0%，占江苏省海洋生产总值的比重为7.8%。

（2）主要海洋产业发展情况

海洋船舶工业和海洋工程装备制造业。无锡市已形成较为成熟的海洋船舶工业和海洋工程装备制造产业链。中国船舶工业集团有限公司投资设立无锡中船海洋探测技术产业园，聚焦声呐装备、海底观测网、水下安防装备、海洋油气资源勘探装备、海洋工程水下无人装备、海洋仪器电子设备、船舶配套等非标设备、医疗电子等八大产业方向，打造海洋经济重要产业基地和创新高地。中国船舶重工集团公司第七〇二研究所设计开发的7米级湖泊及流域水环境监测无人船、"永乐科考"号科学实验平台、"禹龙"号大坝深水检测载人潜水器等装备圆满完成各项试验任务。2020年9月，中船澄西为OLDENDORFF公司建造的1号2.15万吨自卸船下水，继成功建造沥青船、木屑船、化学品船等船型后又一次突破，造船能力进一步提升。

海洋交通运输业。无锡（江阴）港是上海国际航运中心喂给港、区域综合运输换装港和经济腹地集散港。2020年，江阴港完成货物吞吐量2.5亿吨，同比增长10.3%，创下近十年吞吐量之最。其中，外贸吞吐量完成6 388.0万吨，同比增长22.4%，集装箱吞吐量完成50.6万标箱，同比下降6.2%，外贸箱量共完成3万标箱，下降28.6%。江阴港启动"智慧港口"建设，5G应用场景做到让数据加速跑，有望国内最早一批建成智慧港口。

2. 海洋经济管理

不断完善海洋经济运行监测与评估体系。扎实开展海洋经济运行监测与评估工作，完善涉海企业直报，逐步开展海洋经济分析评估，提升海洋经济运行监测与评估能力，有力保障海洋经济高质量发展。

积极开展海洋经济相关主题活动。组织涉海企业参加2020中国海洋经济博览会，促进海洋经济合作，展示海洋经济发展成果。围绕6月8日第十一个"世界海洋日"暨第十三个"全国海洋宣传日"，发挥互联网、微博、微信等新媒体作用，通过开设专栏专题、张贴海报标语、印发科普读物、开展新媒体互动、制作宣传片等形式，面向社会公众开展海洋宣传教育，提升海洋意识。

第三节　常州市

常州市是我国工程机械产业集聚区，在全国装备制造业中占有重要地位。加快实施"智能+"行动，打造智能装备制造名城，常州市智能装备制造产业集群成功入选首批国家战略性新兴产业集群。

1. 2020 年海洋经济发展情况

（1）海洋经济发展总体情况

据初步核算，2020年常州市海洋生产总值达到227.0亿元，占江苏省海洋生产总值的比重为2.90%，比"十二五"期末增长28.2%，年均增长率达到5.65%。常州市海洋经济优势产业为涉海设备制造业、涉海材料制造业和海洋交通运输业。2020年，海洋相关产业增加值为153.5亿元，占海洋生产总值的比重为67.6%，海洋交通运输业增加值为24.1亿元，占比为10.6%。

（2）海洋产业发展情况

海洋交通运输业。2020年，常州市港口货物吞吐量完成10 276万吨，其中长江港货物吞吐量5 442万吨，集装箱吞吐量35.1万标箱。大力推进海铁联运、江海联运、河江海联运。常州—芦潮港（上海洋山港）海铁联运班列完成进出口集装箱发运量2.7万标箱，金坛港—太仓港完成集装箱发运量1.9万标箱，常州港—上海港班船实现五定班轮。

涉海设备制造业。在船舶设备制造方面，有一定产业规模，但尚未形成明显的产业链体系和产业集聚发展格局，江苏恒立液压股份有限公司的液压设备已在港口机械、海工海事方面有所应用；在海洋交通运输设备制造方面，常州新华昌集团有限公司是常州市金属集装箱制造龙头企业，目前已形成国际标准集装箱90万TEU、特种集装箱2.5万台的生产能力，其主要产品90%以上出口40多个国家和地区。

涉海材料制造业。涉海材料制造业基础好，拥有先进研发技术，产品特色鲜明，处在国内前沿水平，产品主要有碳纤维及复合材料、石墨烯重防腐涂料。目前，常州市碳纤维及复合材料在风电行业复合材料织物市场占有率为30%、国内市场占有率排名第一。以中天钢铁为龙头企业的钢铁业，在船舶海工港口用钢领域颇有建树。

2. 海洋经济管理

开展海洋产业单位名录库更新。组织开展全市海洋产业单位名录库更新工作，形成常州市2020年海洋产业单位名录库，全面了解海洋经济、产业、企业现状，奠定海洋经济管理工作基础。

谋划"十四五"海洋经济发展。启动《常州市"十四五"海洋经济发展专项规划》编制，研判海洋经济发展形势和机遇，谋划"十四五"时期海洋经济发展战略、发展定位和发展目标，深化细化各重点产业发展思路，形成规划初稿。

第四节　苏州市

苏州市深入贯彻"海洋强国"战略部署，紧扣"强富美高"总目标，进一步发掘海洋经济发展潜力，把现代海洋文化融入新时期苏州文化，探索发展新型海洋城市。

1. 2020 年海洋经济发展情况

（1）海洋经济总体运行情况

据初步核算，2020年苏州市实现海洋生产总值736.9亿元，同比增长2.8%，占全市地区生产总值的比重为3.7%，与上年持平。主要海洋产业增加值为319.6亿元，占海洋生产总值比重达到43.4%，比上年提升0.3个百分点。其中，海洋交通运输业实现增加值283亿元，占主要海洋产业增加值的88.5%，成为苏州市主要海洋产业发展的重要增长极；海洋生物医药业实现增加值4.0亿元，占主要海洋产业增加值的1.3%。

（2）海洋产业发展情况

海洋交通运输业。2020年，实现增加值283亿元，同比增长3.7%。苏州港实现货物吞吐量5.5亿吨，同比增长6.0%，其中，外贸货运吞吐量1.6亿吨，集装箱吞吐量628.9万标箱，分别比上年增长6.7%和0.3%。太仓港航线网络实现新拓展，航线航班数量达到211条，成为长江航线数量最多、覆盖最广的港口，实现货物吞吐量2.16亿吨，集装箱吞吐量521.2万标箱。太仓港"一体化"工作取得新突破，"沪太通关一体化"进出口全面打通、形成闭环，成为全国首个实现跨省通关一体化的港口，与上海港各港区实现航线无缝对接。

海洋工程装备制造业。初步统计，苏州市拥有海洋工程装备制造企业约200家。苏州桑泰海洋仪器研发有限责任公司开发的具有自主知识产权的海洋仪器系列高科技产品，涵盖水声成像、水声探测、水声通信、水下自主平台功能载荷集成和水下勘测技术服务细分领域，是海洋领域拥有较高知名度的高科技企业。苏州天顺新能源科技有限公司是专门从事海上风电、新能源、智慧能源业务的上市公司，天顺风能常熟市风机叶片厂的建立，标志着天顺风能正式切入叶片领域。苏州道森钻采设备股份有限公司在深海石油钻探设备制造、水下系统和作业装备制造、海洋工程装备研发等领域得到广泛认可。

海洋生物医药业。苏州市将生物医药作为"一号产业"发展，研发基础雄厚，发展前景继续向好，生物医药产业集群成功入选首批国家级战略新兴产业集群名单。苏州市充分利用生物医药产业的坚实基础，融合海洋生物产业发展资源，加快推进海洋生物医药业的发展，培育"蓝色药库"，发展潜力巨大。2020年，海洋生物医药业实现增加值4.0亿元，同比增长11.1%。

涉海材料制造业。江苏亨通高压海缆有限公司的500千伏及以下超高压交联电力电缆、光电复合海底电缆、海底电力电缆、海底光缆等产品，在世界众多重大工程中得到广泛选用。2020年12月，江苏亨通高压海缆有限公司与南瑞集团有限公司合作采用最高运行温度90℃国产交联聚乙烯（XLPE）绝缘材料制造了全球首根±535千伏柔性直流海缆，并顺利通过型式试验，标志着在超高压柔性直流海缆研发和制造处于国际领先地位，为大容量电力能源传输提供了有效解决方案。

2. 海洋经济管理

谋划"十四五"海洋经济发展。落实《江苏省海洋经济促进条例》，启动《苏州市"十四五"海洋经济发展规划》编制工作，系统谋划苏州市海洋经济发展定位和目标任务。

完成海洋产业单位名录库更新工作。积极与苏州市统计、交通等相关部门沟通协调，完成全市海洋产业单位名录库更新工作，形成苏州市海洋产业单位名录库更新（2020年）成果。

积极组织开展相关主题活动。积极参加2020中国海洋经济博览会，亨通海洋等一批苏州企业在博览会亮相，展示苏州海洋经济成绩。

第五节　扬州市

扬州市紧扣"强富美高"新扬州建设目标，不断挖掘海洋经济发展潜力。2020年，面对国内外风险挑战明显上升的复杂局面，全市海洋经济运行总体平稳，海洋经济总量持续扩大，全年海洋生产总值突破300亿元。

1. 2020 年海洋经济发展情况

（1）海洋经济总体运行情况

据初步核算，2020年扬州市实现海洋生产总值301.8亿元，同比增长1.6%，占全市地区生产总值的比重为5.0%，比上年下降0.1个百分点。主要海洋产业增加值为140.8亿元，同比增长1.1%。其中，海洋船舶工业实现增加值78.6亿元，占主要海洋产业增加值的55.8%，同比增长0.3%，成为扬州市主要海洋产业发展的重要增长极；海洋交通运输业实现增加值48.2亿元，同比增长2.6%。

（2）主要海洋产业发展情况

海洋船舶工业。海洋船舶工业是扬州市的主导海洋产业，产业集群发展效应显现。2020年，实现增加值79.6亿元，同比增长0.3%；造船完工量510万载重吨，约占全省的30%、全国的10%左右。船舶制造是扬州市"323+1"先进制造业集群之一，目前拥有36家规模以上造船及海洋工程装备制造企业，形成了以扬州中远海运、中航鼎衡、金陵船舶、新大洋造船、中船澄西、中西造船等为骨干的船舶工业体系和以高邮、宝应、市开发区为主的船用及海洋电缆、船舶系缆绳、船舶电子等配套的产业集群发展格局，产业链明显增粗拉长。全球首艘最大木屑船在中船澄西扬州船舶有限公司顺利交付，各项性能效率指标处于国际领先水平，在木屑海上运输市场具有明显的竞争优势。

海洋交通运输业。2020年，实现增加值48.2亿元，同比增长2.6%。海洋交通运输业稳步恢复，港航服务能力持续向好。港口货物吞吐量达到9 759万吨，同比增长3.0%；集装箱吞吐量52.5万标箱，同比增长1.6%。受新冠肺炎疫情影响，尽管港口外贸受冲击较大，但外贸吞吐量仍实现"逆势增长"。其中，扬州港务集团积极调整经营项目，扩大风电叶片出口，全年外贸吞吐量增长39.5%。

海洋工程装备制造业。海洋工程装备制造业列入扬州市"十四五"规划需要加速发展的战略性新兴产业，一批重点投资项目正在培植产业新动能。迪皮埃风电叶片(扬州)有限公司主要生产新能源发电成套设备或关键设备、2.5兆瓦及以上风力发电设备（风力发电机组叶片、模具及其相关产品）等，其产品广泛应用于风能等领域，已成为国内外风力叶片生产企业龙头品牌。

涉海材料制造业。2020年，扬州市中航宝胜海洋工程电缆有限公司交付全球首根220千伏海底光电复合缆，突破我国大长度海缆生产技术瓶颈。九力绳缆有限公司与东华大学、四川大学等高校合作研发的深海绳缆，应用于多个国家重点工程，被评为国家专精特新"小巨人"企业，"九力"牌深海绳缆被认证为"江苏精品"。

2.海洋经济管理

积极谋划"十四五"海洋经济发展。组织编制《扬州市"十四五"海洋经济发展规划》，初步明确"十四五"时期坚持江河海联动发展、科技创新驱动发展、优势产业领先发展等发展原则，实现扬州重点海洋产业规模化发展、产业链化发展、产业集聚化发展，将扬州发展成为沿江海洋经济特色鲜明、重点海洋产业国内领先的沿江现代海洋经济名城。目前，规划已形成评审稿，进入专家评审阶段。

扎实开展海洋产业单位名录库更新工作。充分利用第四次全国经济普查资料，按照"抓大放小，做优做细"的原则，通过电话核实、实地走访、数据协调等方式，开展全市海洋产业单位名录库更新工作，为开展海洋经济统计、组织涉海企业直报和实施重点涉海企业联系制度等奠定了坚实基础。

第六节　镇江市

镇江市深入贯彻创新发展理念，全面对接《长江经济带发展规划纲要》《长江三角洲区域一体化发展规划纲要》，加快海洋经济领域拓展和重点海洋产业集聚，全力构建沿江海洋经济特色鲜明、重点产业影响带动的现代海洋产业体系，促进海洋经济高质量发展。

1. 2020 年海洋经济发展情况

（1）海洋经济总体运行情况

据初步核算，2020年镇江市实现海洋生产总值273.3亿元，同比增长1.6%，占全市地区生产总值的比重为6.5%，占江苏省海洋生产总值的比重为3.5%。

（2）主要海洋产业发展情况

涉海设备制造业。镇江市涉海设备制造业目前主要为船舶海工配套业，涉及领域广、产业链长、技术进步快、竞争优势较明显。镇江市已形成全国知名的船舶海工配套设备特色产业基地，先后被国家及省政府评定为江苏省船舶及海工关键配套产业产学研协同创新基地、江苏省高端装备制造业示范产业基地、江苏省高新技术船舶配套设备产业化基地、江苏省船用动力特色产业基地等。2020年，镇江市海工船舶规模以上企业实现营业收入突破115亿元。

海洋交通运输业。镇江市推进镇瑞铁路瑞山站铁水联运枢纽项目建设和大港一、二期码头铁路装卸工艺改造，完善"公铁""公水"集疏运体系，基本形成以镇江大港港区为核心的江海联运运输业集聚区。国际、国内港航经济发展再取突破，镇江港完成货物吞吐量3.5亿吨，同比增长6.5%，其中，外贸吞吐量4 355万吨，同比增长1.3%。上半年，镇江港货物吞吐量历史性地进入全国港口十强，增幅在十强中排名第一。

海洋科技创新。"大功率舵桨推进系统的关键技术研发及产业化"及"海上波浪补偿关键技术与系列化应用装备"分别获得江苏省科学技术奖三等奖，"船用波浪运动补偿技术与系列化装备开发"获得中国造船工程协会科学技术一等奖，镇江船厂多功能全回转拖船被国家工信部评定为中国"制造业单项冠军产品"。"深水半潜式起重平台的研发及配套产业链协同创新"项目通过自然资源部验收；省重点研发计划项目"水面水下多用途无人智能航行器关键技术与总体设计""水面水下多用途无人智能航行器关键技术与系列化装备研制"通过验收；江苏科技大学海洋装备研究院自培育项目立项6项，签订横向项目10余项。

2. 海洋经济管理

开展海洋经济规划编制。结合镇江市海洋经济现状和发展特点，启动《镇江市"十四五"海洋经济发展专项规划》编制，明确了"十四五"期间三个方面的重点工作。一是重点涉海园区集聚发展做大做强，主要包括做强涉海装备制造业集聚区，做大江海联运运输业集聚区，做成其他涉海类产品集聚区；二是骨干涉海企业强化发展做专做精；三是对重点涉海项目做好服务对接全力推进。

积极开展海洋产业单位名录库更新工作。组织开展全市海洋产业单位名录库更新工作，形成镇江市2020年海洋产业单位名录库，为海洋经济监测评估打下良好基础。

第七节　泰州市

泰州市为苏中门户，自古有"水陆要津，咽喉据郡"之称，是扬子江城市群的重要组成部分，发展海洋经济区位优势明显，通过深入挖掘具有泰州特色的海洋经济资源内涵、产业内涵、生态内涵与创新内涵，促进海洋经济高质量发展。

1. 2020 年海洋经济发展情况

（1）海洋经济总体发展情况

据初步核算，2020年泰州市海洋生产总值788.6亿元，同比增长1.4%，占地区生产总值的比重为14.8%，占江苏省海洋生产总值的比重为10.1%。

（2）主要海洋产业发展情况

海洋船舶工业。经过多年发展，泰州市船舶产业形成从造、修、拆船到配套基本完善的产业链，拥有新时代造船、扬子江船业等排名全国前五的造船企业，是泰州市最具国际竞争力的产业之一，成为国家级船舶出口基地和全国最大民营造船基地，凭借良好基础和比较优势，不断提升技术含金量，在国际竞争中不断发展壮大。2020年，实现造船完工量91艘916.36万载重吨，分别占全省、全国、全球的52.9%、23.8%和10.42%；新承接订单量80艘497.83万载重吨，分别占全省、全国、全球的36.1%、17.2%和9.5%；手持订单量161艘1 312.3万载重吨，分别占全省、全国、全球的46.3%、18.5%和8.3%。

海洋交通运输业。泰州市具有通江达海、跨江融合的区位优势，泰州港形成"一港三区"、港园结合的整体发展格局。2020年，泰州港完成货物吞吐量3.01亿吨，同比增长6.6%，完成集装箱吞吐量32.6万标箱，成为江苏省第四个真正的"大港"。11月，泰州国际集装箱码头首次运转了206个铁路集装箱，泰州港正式开启"公铁水多式联运模式"，向着江海联运中心港实质性迈进。

涉海设备制造业。泰州市涉海设备制造业涉及海洋开发众多细分领域，包括海洋用石油钻杆、系泊链、海工辅助船、自升式钻井平台、海洋隔水管接头等。江苏亚星锚链制造有限公司是我国船用锚链和海洋系泊链生产和出口基地，是行业内全世界最大、最具有综合实力的现代化企业，全年生产锚链、系泊链及附件产值达8.26亿元。江苏兆胜空调有限公司产品除了应用于船舶以外，多应用在油气钻井平台、海洋风电平台等地，2020年在空空、空水冷却器等涉海设备制造方面产值达2 946.1万元。

滨海旅游业。泰州市海洋红色文化底蕴深厚，建有海军诞生地纪念馆、海洋世界、海军舰艇公园，积极打造非沿海地区滨海旅游业高地。2020年，海军诞生地纪念馆开展海洋文化活动11次，举办4次展览，实现收入641万元。海军舰艇文化公园，与海军诞生地白马庙原址和海军诞生地纪念馆遥相呼应、互为依托，打造"三位一体"海军文化展示平台和海军主题教育基地。依托溱湖国家湿地公园打造的具有地方特色的溱湖海洋世界，2020年举办海洋文化活动30次，参与人数1 500人。

2. 海洋经济管理

认真谋划海洋经济管理工作。建立健全海洋经济工作会商机制，多次组织召开海洋经济工作议事协调会、专家论证会，为海洋经济发展建言献策。在全省率先启动"十四五"海洋经济发展规划编制，厘清海洋经济发展基本思路，明确海洋经济发展目标，已形成市级规划初稿。积极推动靖江市和泰兴市编制本地区的"十四五"海洋经济发展专项规划，实现全市海洋产业核心地带规划全覆盖。

扎实开展海洋经济统计监测工作。搭建海洋经济运行监测平台，制定泰州市海洋经济信息标准化体系，初步建立起泰州市海洋经济运行监测系统，实现名录库管理、统计数据录入、自动化监测分析等功能。高质量完成涉海名录库核实，设计运用涉海单位名录核实表、信息采集表、统计汇总表等，明辨涉海单位属性。

服务支持涉海企业发展。围绕 "世界海洋日"宣传活动，开展多层次海洋经济调研，为企业科技创新项目提供信息服务和政策支撑，先后组织亚星锚链、兆胜空调、柯普尼、宇航电子等4家涉海单位赴深圳参加中国海洋经济博览会，宣传推介优质涉海单位，吸收最新海洋科技转化成果。

附 录

海洋经济主要名词解释

海洋经济：开发、利用和保护海洋的各类产业活动，以及与之相关联活动的总和。

海洋生产总值：海洋经济生产总值的简称，指按市场价格计算的沿海地区常住单位在一定时期内海洋经济活动的最终成果，是海洋产业和海洋相关产业增加值之和。

增加值：按市场价格计算的常住单位在一定时期内生产与服务活动的最终成果。

海洋产业：开发、利用和保护海洋所进行的生产和服务活动。海洋产业主要表现在以下五个方面：直接从海洋中获取产品的生产和服务活动；直接从海洋中获取的产品的一次加工生产和服务活动；直接应用于海洋和海洋开发活动的产品生产和服务活动；利用海水或海洋空间作为生产过程的基本要素所进行的生产和服务活动；海洋科学研究、教育、管理和服务活动。

海洋科研教育管理服务业：开发、利用和保护海洋过程中所进行的科研、教育、管理及服务等活动，包括海洋信息服务业、海洋环境监测预报服务、海洋保险与社会保障业、海洋科学研究、海洋技术服务业、海洋地质勘查业、海洋环境保护业、海洋教育、海洋管理、海洋社会团体与国际组织等。

海洋相关产业：以各种投入产出为联系纽带，与海洋产业构成技术经济联系的产业，涉及海洋农林业、海洋设备制造业、涉海产品及材料制造业、涉海建筑与安装业、海洋批发与零售业、涉海服务业等。

海洋渔业：包括海水养殖、海洋捕捞、远洋捕捞、海洋渔业服务业和海洋水产品加工等活动。

海洋油气业：在海洋中勘探、开采、输送、加工原油和天然气的生产和服务活动。

海洋矿业：包括海滨砂矿、海滨土砂石、海滨地热、煤矿开采和深海矿物等的采选活动。

海洋盐业：利用海水生产以氯化钠为主要成分的盐产品的活动。

海洋船舶工业：以金属或非金属为主要材料，制造海洋船舶、海上固定及浮动装置的活动，以及对海洋船舶的修理及拆卸活动。

海洋化工业：以海盐、海藻、海洋石油为原料的化工产品生产活动。

海洋生物医药业：以海洋生物为原料或提取有效成分，进行海洋药品与海洋保健品的生产加工及制造活动。

海洋工程建筑业：用于海洋生产、交通、娱乐、防护等用途的建筑工程施工及其准备活动。

海洋工程装备制造业：是指为海洋资源勘探开发与加工储运、海洋可再生能源利用以及海水淡化及综合利用进行的大型工程装备和辅助装备的制造活动。

海洋电力业：是指在沿海地区利用海洋能、海洋风能进行的电力生产活动。

海水利用业：是指对海水的直接利用和海水淡化活动。

海洋交通运输业：以船舶为主要工具从事海洋运输以及为海洋运输提供服务的活动。

滨海旅游业：包括以海岸带、海岛及海洋各种自然景观、人文景观为依托的旅游经营、服务活动。主要包括：海洋观光游览、休闲娱乐、度假住宿、体育运动等活动。

沿海地区：即广义的沿海地区，是指有海岸线（大陆岸线和岛屿岸线）的地区，按行政区划分为沿海省、自治区、直辖市。

沿海城市：是指有海岸线的直辖市和地级市（包括其下属的全部区、县和县级市）。

沿海地带：即狭义的沿海地区，是指有海岸线的县、县级市、区（包括直辖市和地级市的区）。

北部海洋经济圈：由辽东半岛、渤海湾和山东半岛沿岸地区所组成的经济区域，主要包括辽宁省、河北省、天津市和山东省的海域与陆域。

东部海洋经济圈：由长江三角洲的沿岸地区所组成的经济区域，主要包括江苏省、上海市和浙江省的海域与陆域。

南部海洋经济圈：由福建、珠江口及其两翼、北部湾、海南岛沿岸地区所组成的经济区域，主要包括福建省、广东省、广西壮族自治区和海南省的海域与陆域。

上述名词解释主要摘自《海洋及相关产业分类》（GB/T 20794—2006）、《中国海洋统计年鉴》《2020年中国海洋经济统计公报》。